中国近代伦理学文献丛刊

李义天 张远航◎主编

第三部分·第一册

CCTP
中央编译出版社
Central Compilation & Translation Press

图书在版编目（CIP）数据

中国近代伦理学文献丛刊．第三部分／李义天，张远航主编．-- 北京：中央编译出版社，2022.6

ISBN 978-7-5117-3939-1

Ⅰ．①中… Ⅱ．①李… ②张… Ⅲ．①伦理学－文献－中国－近代－丛刊 Ⅳ．① B825-55

中国版本图书馆 CIP 数据核字（2022）第 048191 号

中国近代伦理学文献丛刊·第三部分

责任编辑 李媛媛 彭永强
责任印制 刘 慧
出版发行 中央编译出版社
地 址 北京市海淀区北四环西路 69 号（100080）
电 话 （010）55627391（总编室） （010）55627319（编辑室）
（010）55627320（发行部） （010）55627377（新技术部）
经 销 全国新华书店
印 刷 廊坊市安次区团结印刷有限公司
开 本 787 毫米 ×1092 毫米 1/16
字 数 1133 千字
印 张 102.75
版 次 2022 年 6 月第 1 版
印 次 2022 年 6 月第 1 次印刷
定 价 4330.00 元（共 7 册）

新浪微博：@ 中央编译出版社 **微 信：**中央编译出版社（ID：cctphome）
淘宝店铺：中央编译出版社直销店（http://shop108367160.taobao.com）（010）55627331

出版说明

中国近代伦理学文献丛刊共计收录中国近现代伦理学文献三十二种，分作四辑，每辑所收文献按当时出版时序排列。本次整理，皆按底本影印，以存文献版本旧貌。底本原文或有舛错，本次整理未予订正，如伦理学（斯宾挪莎著，伍光建译）第一册第十一题目录作『神或本质原为无限属性所备造而成者而每一个属性则是发表永恒及无限然则神或本质要素者是必然有者』，但正文却为『神或本质原为无限属性所备造而成者而每一个属性则是发表永恒及无限然不神或本质要素者是必然有者』，虽神与不神仅一字之差，但意迥然不同；又如日本元良勇次郎著伦理学第二十四章目录作『纳税兵役之义务』，而正文却为『国家伦理　纳税与兵役之义务』，差异明显。此外，底本皆为繁体中文，本次整理，唯前言、目录及书眉等整理文字，为适宜今人阅读，皆作简体中文。特此说明。

前言

李义天

中国有着悠久的伦理文化传统与伦理思想传统。自先秦、经汉唐、至明清，前人先贤围绕善恶、是非、义利、廉耻等问题展开的讨论及其形成的知识成果，为我们留下了丰厚的文化遗产与思想资源。在这个意义上，作为一门学问的伦理学，在中华学术谱系中始终存在。然而，作为一门学科的伦理学，对于中国学术来说，却是一件近代以来才发生的事情。

学问的确立可以是学者个人的成就，但学科的确立却与学术制度的转型、学术形态的自觉，以及学术背景的更替密切相关。这些方面都必须在近代中国社会的语境中得到理解。具体而言：

其一，作为一门学科的伦理学，奠基于近代教育制度和教育体系的发展。正是在近代教育制度和教育体系（尤其是大学教育体系）的「学科化」进程中，细密的学科划分逐渐形成，清晰的学科意识逐渐确立。由此，学者对知识的探讨，不再意味着单纯的研究，而是建制上的学科建设。对近代中国学人而言，「伦理学」概念的出现以及学科的形成，正是近代中国在文明碰撞之间吸纳、改造近代教育体系及其学术制度的现实产物。

其二，作为一门学科的伦理学，不仅需要具备专门的研究题材与研究方法，更要有针对这些题材与方法的自觉总结和反思。因此，仅仅探讨有关善恶的问题、论证关乎善恶的要求，或许能够形成伦理学学问的主要框架，但不足以构成伦理学学科的完整内容。作为学科的伦理学，还必须在探讨和论证具体命题的基础上，对其背后的理由与方法加以提炼与批判。要做到这一点，则必须梳理、评析已有的观点与路径。在这个意义上，近代中国学人对伦理学方法论和伦理学思想史的研究自觉，乃是这门学科在近代中国初步成型的必要条件。

其三，作为一门学科的伦理学，无论是涉及教育体系与知识门类的『学科化』，还是涉及研究方法与思想历程的『自觉化』，都必须置于中国与世界交往的近代语境中来理解。在『作为学问的伦理学』向『作为学科的伦理学』的转变过程中，近代中国学人对西方伦理史籍的大规模翻译、对当时国外学界新近文献（尤其是思想史著作）的批评性介绍，以及他们立足本土而展开的系统阐释与重构，无疑是最重要的内在动力。这些动力及其带来的转变，恰恰是在近代中国的特定历史背景下，作为一系列近代事件而发生的。

因此，要理解作为一门学科的伦理学在中国的起步与发展，就必须对近代中国伦理学的理论实践加以关注。其中，最为基础的一项工作便是对当时研究和译介的基本文献进行搜集、整理与汇编。可以说，只有做好这项工作，我们才能印证中国伦理学学科所具有的近代性质，才能描述中国传统伦理思想向现代人文学科范式的转变过程，才能理解过去一百五十年间中国伦理学发展的曲折与波动，也才能帮助我们在此基础上推进当代中国伦理学的学术研究与学科建设。作为历史资料，这些近代文献对于直面历史、正视历史并希望能从历史中汲取经验的每一位伦理学人来说，都是无法忽视和规避的。

基于上述考虑，我们从二十世纪上半叶的相关文献材料中，择取了三十余部作品，分作四辑，每辑依其出版年序加以汇编整理。根据题材类型，它们大致被分为四类：

（一）史籍类。主要包括近代中国学人对西方伦理思想若干重要文献的翻译作品。它们可以映射出，当时的中国伦理学人在面向西方伦理思想时所采取的关注视角与选择范围。

（二）史论类。主要包括当时具有一定影响的伦理思想史研究著作。就内容主题而言，其中既有关于西方伦理思想史的研究，也有关于中国伦理思想史的研究；就出版类型而言，既有中国学者的原创研究，也有对同时期外国学者的成果译介。它们可以展示出，当时的中国伦理学人所接受的伦理思想史框架及其主要线索。

（三）著述类。主要包括近代中国学人对伦理学基本问题的思考和阐发。其中不仅含有一些导论性、概论性作品，也涉及一些基于特定立场或针对特定领域的研究专著。它们可以反映出，当时的中国伦理学人对伦理学整体或其分支的基本判断和理解深度。

（四）讲稿类。主要包括当时使用的若干伦理学讲义或教材。同样地，这一部分也是既包括中国学者或教育者的作品，也包括当时翻译过来作为教材或教学资料使用的文本。它们可以体现出，当时的中国伦理学学科教育所涉及的大致范围和程度。

值得特别强调的是，作为近代中国的思想文献，其在内容和表述上不可避免地存在这样或那样的历史局限。如今看来，其中有些说法和论证并不恰当甚或错误。但是，这也恰好体现了伦理学作为一门人文学科所无法摆脱的历史性与经验性，也再次证明了唯物史观关于道德学说在根本上受制于社会发展这一判断的有效性与正确性。因此，基于对历史事实的尊重，我们最大限度地将这些文献循其原貌，汇编成册，影印出版。我们期待，当代学人不仅能够抱着历史的眼光去认真地观察和理解它们，更能抱着历史的眼光去严肃地批判与剖析它们。只有这样，当代中国的伦理学研究才更可能去粗取精、去伪存真，也才更可能自成一体，贯通古今，奔向未来。

壬寅春于清华园

总目

近世倫理學說

教育叢書第一集第三編目次

近世倫理學說

一 近世倫理學說之特質

倫理學者所以研究人類意志所生之行爲因此包有二種問題舉凡倫理學之範圍悉不外乎此二問題二問題者何一即行爲之內界的原因一即行爲之外界的影響前者爲行爲之動機後者爲行爲之結果二者相合然後可爲評判道德之目的物若缺其一則評判即不完善蓋僅有道德上之動機而無相當之客觀的行爲則其動機爲無價值反之僅有客觀的有

益之行爲而無相當之動機則衡以道德其行爲亦未足稱也動機與結果之二要素其關係之密切如此顧一觀倫理學說之發達史其在初期二者未嘗同等重視也同等重視於此者實最近之事耳且卽近世之倫理學界亦有時僅注重動機有時僅注重結果然自大體察之則雖爲倫理學之研究其始僅注重動機及至近世始漸移於結果者亦無不可

最初之注目於動機者當爲古代倫理學卽希臘之倫理學是也古代希臘人之思想以爲在人類精神中恆有一種純粹無私之動機之狀態者當名曰德故希臘之倫理學可稱爲德之

研究(Tugendlehre)德爲何物。由何種動機結合。而後得爲有德之人。此彼等所研究之問題也。至若行德之結果。其於主觀的有無幸福與客觀的有無利益。則以爲不待研究而自明者。推原其故。實以所謂主觀的之幸福與客觀的之利益者。既由宗教風俗法律所甄擇而有種種之規範。明示於前。生斯世也爲斯民也。但順從古先哲賢之所指示遵守之履行之。而無所於違。則幸福自然而至。其利益且及於社會矣。

但人類之心理。不能僅以器械的行爲爲滿足也。洎乎知識愈進。見聞愈廣。對於自身與外界之種種關係。必不能以無思無慮安之於是因何而當遵守規範因何而當修德種種疑問皆由斯以起而從來之倫理學致受莫大之變動其所著眼之點乃別開一新生面遂由道德規範之主觀的價値而移於客觀的價値申言之卽注意於道德規範之因何等目的而設是也至是始知人之所謂善非可不待研究而自明者當更就善之本質與起源而推究之此種推究卽開近世倫理學之端倪當此之際則德爲何物之問題殆全不注意卽不然亦視之頗輕而道德上之中心點乃代以善爲何物之問題矣故近世倫理學亦可謂爲善之研究(Güterlehre)自此研究之結果而倫理

學說之發生者。不知凡幾。且古代倫理學上德爲何物之問題。及希臘哲學上對於德之解釋。聚訟紛紜。莫衷一是。雖至近世倫理學。尚存遺跡。由是倫理學說。乃大爲殽雜焉。要之、謂近世倫理學說之特質。在以善爲何物爲研究之點。則罔無妨也。自大綱言之。則倫理學說。可別爲他律的道德論、與超絕的道德論、內在的道德論是也。以下徐徐論列之。

二　從來倫理學說之三大學派

古代倫理學。僅說明德之本質。而所謂德者。惟憑諸俗人之心。自其俗人視之。則以爲道德者。不過外界之命令耳。此外界之命令或託諸宗教之規範或寄諸國家之法律又或以模糊無定之習慣法而表現之故在科學攻究之初期漫然以爲此等宗教國法習慣之所規定者皆受自外界而不復推求其規範之由來謂能服從此規範者卽爲有德之人其能事神盡敬爲國極忠舍己爲人永矢勤勞者其德爲尤高焉卽有略事推究者亦只在服從規範之程度推究其服從之誠僞云云而已至其研究之基礎仍不離乎外界之規範如是者謂之他律的道德論詳言之卽以爲一切道德的規範皆由外界之國法宗教習慣等而來而人之德與不德則視其對此外界規範之關係

而定是也此種道德論及至古代哲學之初期依然尙存故初期哲學之於道德亦未有以獨立自由之態度而硏究其所以然者

然則倫理學之得爲一科學果始於何時乎自有人對此他律的道德論而生懷疑以爲設此道德規範者仍不外乎人類而科學的倫理學之攻究實萌芽於茲其爲之先驅者則希臘之詭辯學派也此派力闢固守規範之謬以爲道德者由人隨意設定之故亦可隨意變更之舉向來所視爲金科玉律者不憚一切毁棄其自社會國家之風致以觀當時誠爲一重大問題

然自倫理學說之發達以觀抑亦不可避免之過渡期也何則既欲以科學法攻究道德之現象則不能不以道德的規範爲出自人類擬作者此不待言也由此見解變遷而他律的道德論與自律的道德論之中間橋梁乃獲建設倫理學之得獨立爲一科學亦漸以是始而其促成此之進步者實不能不歸功於梭格拉底梭格拉底殆爲古今無比之哲人彼見當時詭辨學派之毀棄舊道德不禁太息痛恨思所以矯正之雖其所論仍歸重於國法宗教二大原勸人力踐規範非有新義也然於一方面倡導卽知卽德之說其所謂知與詭辨學派所稱個人

任意之知相反乃就普通之人類立言而以道德爲全體人類所設定者此於倫理學界可謂大放光明矣彼以爲由宗教國法而出之道德的命令非僅貌爲遵奉之謂又不可不實心服從之知其不可不服從之自然的知識是卽道德之大本也由今日觀之則梭氏之說竟視人類爲純然之知識的生物其見解實甚幼稚但其謂道德行動之泉原出自人類之精神則不得不推爲卓解且梭格拉底之所致力者實超越乎舊日倫理學之界外蓋德之本質爲何已爲彼所研究及之也至於客觀界之所謂善者果何物乎又行爲有何結果始有道德之價値

乎凡此問題固梭氏所弗及論彼依然沿襲舊說而以爲客觀的之善卽宗教國法所規定者由此規定則生有價値之結果此其說誠不無缺點然自他面觀之則彼之倫理學其在主觀的方面明明屬自律說何則以德之爲物爲出自人類本性之能力此實梭氏首所揭破者也要之謂梭格拉底之倫理學於客觀界則爲之他律的道德論於主觀界則爲之自律的德道論可也氏之學說在倫理學之發達上影響頗大故於倫理學史中佔一重要之位置焉

三　古代倫理學產出近世三大學派之始末

蘇格拉底之於倫理學史實占重要之地位。已述如前。而蘇氏之後相繼踵起者。猶有二人焉。一爲拍拉圖。一爲亞里士多德。之二大哲實爲近世倫理學之先驅。蓋二哲之說以爲德之標準不在主觀的態度而在客觀的效果。換言之。卽凡定行爲之德與不德。與其決諸行爲時之持心如何。毋寧決諸行爲所生之結果如何。此種論法其爲近世倫理學之一特徵。前文固言之矣。

然由他端以觀。則拍拉圖亞里士多德之倫理學說與近世之倫理學說亦甚有反對之處。茲先以拍拉圖言之。拍氏以德爲人類精神之本源的屬性問此屬性何自而生則曰由精神對於本體界(Ideenwelt)之態度精言之卽對於本體界中之善方法有殊而德不德以判是也故拍氏所云之德自精神與本體界之直接關係而生由此而言彼之倫理說固屬於自律的蓋彼所謂德與宗教國法習慣所規定者不相連關而屬諸人類精神之本然性質內也非外也然彼之所說既涉及超感覺之本體界故或稱爲超絕的道德論亦可夫主張超絕的道德者其理想以爲人類感覺之外自有可爲規範者存推此則彼之倫理說實屬於他律的道德論與自律的道德論之過度期

也至亞里士多德之倫理說則與其形而上學之見解頗有關係彼以爲德也者純係人類內界精神之屬性不但自精神之本源能力而生實自人類之共有感情而發如此解釋之法實以亞氏爲嚆矢卽全然排斥他律的道德論而立於自律的道德論之立脚點者也

由前之說可見古代希臘之倫理學方其極盛時實既舉近世倫理學說之三大派孕育其中三大派者何卽前述之他律的道德論（Heteronome Moralsysteme）超絕的道德論(Transzendente Moralsysteme) 內在的道德論(Immanente

Moralsysteme）是其中超絕的道德論。淵源於柏拉圖。而內在的道德論。則根荄於亞里士多德者也。迄於近世。而分派益繁。此分派之萌芽。雖如前文所述。遠在詭辯學派以前。即由德之研究而移於善之研究之時。而眞正之過度期。實在文學復興時代。（Renaissance）

當文學復興時代。人各以自由探討之精神。窮溯泉流。昔所視爲神聖不可犯者。亦不憚推闡之。若國家。若法制。若宗教。若文化。彼等皆欲研究其由來焉。勢之所驅。自然波靡於道德界。而道德規範之泉源。乃益爲學者所注目矣。職是之故。其所研究。

者不獨德爲何物之一問題又如道德何在道德爲何而存如是種種疑問亦爲研究之對象且解此疑問者異說紛紜則其分派之多無足異也要而言之以文學復興時代倫理學與近世倫理學之關係持較詭辯學派倫理說與古代倫理說之關係前後若合一轍以有詭辯學派之刺激而使古代之他律的道德論移於自律的道德論亦猶有文學復興時代之刺激而後近世倫理學乃由主觀的之研究而移於客觀的之研究由德之研究而移於善之研究也自是以來說倫理者於行爲者內心之態度若何一任諸實際道德論之研究而於理論的道

德之方面既不復推究及此所傾全力以討求者惟在客觀之善精言之卽在結果論之理論的方面耳。

近世倫理學之三大派孕育於古代倫理學既由前文所言而克明其顛末矣。然則近世倫理學所謂三大派者其內容究如何。請以次詳論之。

四　近世倫理學之三大派

甲　他律的道德論

科學的倫理學之成立在自律的道德論發生以後。蓋既以道德規範爲賦自外界者則與言科學攻究勢固有所不能也。然在科學的倫理學肇興以後。而他律的道德論。何故仍未滅跡乎。是蓋有二因焉。

第一　自有以科學的攻究倫理者。而從來之世界觀爲之一變。當此之時。舊有之確信既已動搖。而新起之確信尚未成立。故有仍取他律道德論以維持倫理思想者。則仍以爲道德規範之泉源。不外出自神若國家而已。不觀夫哲學之於認識論乎。當認識論解決未定之日。既有持懷疑說者。而一面仍以所謂信仰者維持之。於倫理學亦然。以世界觀動搖不定。故不得不提出他律的道德之信仰說。因以爲信仰云者。乃所以補助認識之具而有必然之確實性者也。

第二　主張自律的道德論者以爲道德規範出自人類精神之造作而強持此說者其極也仍不得不轉陷於他律的道德論何則必謂道德規範由特定之個人或特定之社會自造作之則於造作之個人若社會雖爲自律的而自其他之個人若社會觀之則仍爲他律的使人人能自作一道德規範而據爲一己行動之準則亦已矣如其不能則己之所謂自律者正人之所謂他律且如自己所作規範既能與他人所作規範隨時互易是則無論何人皆同爲他律的而無可謂爲自律的者也

是彼所視爲絕對的之規範卒變而爲相對的也是則所謂道德規範於己於人均成一種動搖無定之狀態也以是之故故夫詭辯學派雖力持自律的道德之說而自身仍歸於他律的道德論其後眞正之自律的道德論繼之而起乃以爲道德規範非人類精神之任意的造作而根據於人類之普遍的本性其始下此解釋者厥推蘇格臘底故吾人欲以自律的道德論之首叛者歸之蘇氏焉

近世之他律的道德論其出現於倫理史者後先不絕亦與前述之狀態相同以關聯於自律的道德論之世界觀動搖不定

而未有新世界觀起而代之故宜其爾此亦過渡時代必然之事實也惟近世之他律的道德論與古代希臘之他律的道德論微有不同古者以爲道德規範導源於宗教國法風俗習尙種種令也則限於二端質言之則此種道德論之所重視者宗敎的命令與國家的命令是也是說固不必與實際相切合惟說明彼等之倫理的推論以是爲便利耳顧無論如何皆足證明此種他律的道德論適爲倫理的思索之產物也是故近世之他律道德論可分二類其一可謂之宗教的他律道德論其一可謂之政治的他律道德論而各因時代之不同有取保守

之趨向者亦有取革命之趨向者

自其性質以言則宗教的倫理學乃純粹之他律道德論也康德之下宗教之定義也曰『宗教者何卽承認道德命令爲神之命令也』此定義之當否姑勿論然以道德命令爲神之命令此種思想蓋各宗敎之所同然故道德論而含宗教之臭味者無不屬於他律的也在信奉神祕的懷疑說之時代及此種思想家最易受納此種思想是故宗教的之他律道德論盛於基督敎哲學初興之時而其後稍衰更取亞里士多德之道德論而加減之以成煩瑣哲學之自律道德論降至十八世紀則

又有正教的神學者起反對自由研究之風潮而主張他律道德論其極也遂有所謂神學的功利說者誕生於英國焉此派之言曰『世之所謂道德規範者其規範之內容之自身毫無價値惟解之爲神之命令始有價値始生效力』其說如此吾人不得不服其立論之粗放也

持政治的之他律道德論者視宗教的之他律道德論較不多覯其見於近世倫理史者僅二次焉要皆受政治革命之影響伴之而起者也其一則在十七世紀之間由英國革命之反動而起霍布士之倫理說屬之其近於保守的趨向亦與政治上

之反動同其二、則在十八世紀之間、先法國革命而起、之啓蒙、哲學、屬之此種道德論近於革命的趨向與前者相反蓋欲舉一切道德之價値而新加審斷新事探究者也此種他律道德論之發生可謂爲自識的之我對外界所畀與之道德規範而生一種反抗力然起此反抗之際有時頗帶自利的性質馬克斯采納之倫理說是也又有時搆成無限自由之人格之理想尼采所謂勝利者之道德其一例也尼采之理想實以下列之說爲其前提曰『道德之法則猶諸知力之法則非自始存在心性之內者惟吾人任意造作之耳吾人可任意造作者故亦可任意變更之』夫所以搆成此趨向者蓋有二因其一近代之藝術科學其要求新理想新價值也甚亟其二則既由個人主義而認識意志之獨立自主因而促進此欲望也故方此趨向存在之間宗敎的之他律道德論與政治的之他律道德論依然不絕何則既欲新舉一切道德價值而審斷之而研究之則其審斷研究之結果自然有時以宗敎的動機視爲當代道德規範之泉源有時又以由此而生之政治的社會的動機視爲當代道德規範之泉源故也

然則由此發生之他律道德論果能成立否乎縱能成立其闕

點又何在乎。以下請申論之。夫彼詭辯學派之言。以爲道德規範。由人任意造作。故亦可任意變更。而其說之自然結果。轉陷於他律道德論。此於前文言之矣。此種他律道德論之缺點。卽存於其自己主張之中。質言之。卽謂其誤謬之由來。全在以道德爲人類所造作之一語也。從彼等幼稚之見地。則不獨道德爲然。如宗教如社會如言語。亦無一不屬於人爲的。惟如彼人類之精神。乃一人所獨有。而與他人無關係者。始不以之爲人爲的耳。自非然者。無一不可以人爲的加之也。然此說之誤謬不難指摘。證之言語亦既有餘。何則。彼等以言語之爲物。出自約束。故斷定其爲人爲之物然既曰約束矣則於其約束之初非既有所謂言語者存焉乎由此。以推然則操同一之論法而謂社會宗教道德等皆是出於約束之人爲事業因謂人人可以隨意變更者其說非不攻自破乎。

若由學理之上持嚴重之態度以觀之則凡道德宗教社會言語等無一非徐徐發展之結果而個人之精神對於此等發展之行程絕不能加以干涉猶吾人之思想之法則及其感覺感情情緒之法則斷非吾人之力所能左右之者也吾人對於思想感覺等之法則。其能加以改變之程度。與對於數千百年相承而來之言語所能加以改變之程度正同謂之毫不能爲力焉可也於道德宗教等亦然道德宗教之屬乃由人類之共同生活而產出之者斷不能以個人之力自無而生有其既有之者亦不能以個人之力而強之歸於無也抑彼等之以道德宗教等爲出自人類造作者此誤謬所由來蓋於次舉之眞理未嘗置諸心目中耳眞理爲何其一則首扱內在的道德論之亞里士多德既明言之矣曰人類者政治的動物也又其一則曰社會之共同生活與個人之生活同蓋受制於一定法則之下者也苟深審此二說則夫以道德爲人爲的者之謬誤益恍然

矣。

前述事理。固彰彰易見者。而伊古以來。每遇政治上、或社會上、或宗教上、危機潛伏之際。乃往往淡忘之。蓋社會生活上所有歷久相承之產物。一旦受顯著之變化。則個人之視此等產物。若可以任意更改者。自無足異。故彼等以爲傳承之故物。於彼絕無關係。而更欲以自己之力造作之建設之。庸詎知彼之所自以爲造作建設者。仍不外社會生活之自然產物。而非出自彼個人之力者乎。

要之他律道德論之誤謬。畢竟由道德與意志之密接關係而起申言之卽科學之於人類行爲之法則與其於人類認識之法則恆取異途而進故倫理學之於正當行爲與論理學之於正當認識遂執相殊之態度於論理學不過就認識法則而爲發展的說明者而於倫理學則以爲行爲法則得從新規定之其誤亦甚矣夫倫理科學豈有此權能哉彼亦如論理學僅能取道德行爲之法則而爲發展的說明云爾

乙　超驗的道德論

超驗的道德論者以爲道德規範乃存在意志以內之法則但持此說者非以爲人之意志與認識作用相關聯故主張內在

說也特以爲認識作用及其行爲與超驗的世界相關聯因而主張內在說耳以是之故故超驗道德論實兼有自律道德論與他律道德論之性質而爲兩者中間之驛騎何則彼等既由人類之本質以解釋一切道德行爲是其一部分既屬於自律道德論矣然彼等又以爲人有二重本質一面爲感覺生物而一面又爲超感覺生物夫既曰此二重本質與超感覺界有關故自其爲感覺生物之一面言之則一切道德規範之於彼不得不爲他律的此其他部分所以又屬於他律道德論也

因解釋意志之論點不同而超驗道德論乃分爲二類其一則

如古代哲學之通說以爲人之意志由認識作用而起推彼等之結論恰以正當之行爲卽是正當之認識故道德的規範卽據認識的規範以爲之準而此認識的規範乃由超感覺界而移植於人之心中者也從此見地則德與不德之兩極不啻超感覺的認識與感覺的認識之兩極立於相反之地焉其二、則以爲人之意志與認識作用相離而自有獨立之能力推彼等之結論則道德泉源究非認識作用之所能達其恃以達之者蓋別有能力在此派以爲認識作用本對感覺而起故以爲對道德而起抵抗者卽在此感覺的自身及其感覺的衝動故以爲人之行爲與其認識作用恒不免於某程度之矛盾焉之二說者前者可謂之超驗的主知說 Transzendenter Intellectualismus 後者可謂之超驗的主意說 Transzendenter Voluntarismus 茲先述其主張之異同進而各摘其誤謬焉

(二)超驗的主知說　超驗的主知說始自古代柏拉圖蓋由蘇格臘底之知德合一說而出者至於近代而勢力猶全振焉由其說則概念云者卽超感覺的本體之反映故道德行爲不過對此本體之認識精言之卽對於本體中之善之認識也既知善之概念卽本體中最完全者之反映故德之至高者不

外。睿。知。申。言。之。不。過。有。認。識。其。本。體。而。又。能。於。感。覺。界。現。實。之。之。能。力。者。是。也。以。是。之。故。故。其。他。道。德。如。勇。敢。如。謹。慎。如。正。義。皆。當。位。於。睿。知。之。德。之。下。蓋。窮。厥。根。本。不。外。人。之。睿。知。能。戰。勝。其。精。神。中。卑。劣。之。分。子。而。後。諸。德。由。之。以。生。也。

柏。拉。圖。之。超。驗。的。主。知。說。以。爲。道。德。規。範。猶。之。其。他。概。念。然。惟。於。所。謂。善。之。客。觀。的。本。體。能。直。接。認。識。之。者。斯。謂。道。德。故。此。種。道。德。論。可。謂。爲。客。觀。的。之。超。驗。的。主。知。說。其。所。以。如。此。者。以。彼。之。於。哲。學。系。統。本。奉。客。觀。的。觀。念。主。義。故。也。此。種。哲。學。上。客。觀。的之觀念主義。與倫理學上客觀的之超驗的主知說。固由於思考法之較穉。更進而察之。則亦其對於精神本質之見解使然。何則。柏拉圖以爲人之精神。跨於本體界與感覺界。既於一面認識本體。則又能於他面對感覺界而動作也。而彼不如是解釋。則所謂以主觀之精神認識客觀之善者。將無自而解釋之。而彼之倫理說。殆亦不能成立矣。

自柏拉圖而外。更有一證據焉。方基督教之世界觀之建設也。於所謂精神之本質。其解釋一變。故是時之倫理說。亦因之根本一變。其解釋精神之本質也。漸進於主觀化。第一、參以所謂神之觀念。第二、乃以爲人類一切觀念。皆以感覺的受事物之作用因而模倣神之觀念者第三、更進一步而入於超感覺之先天的觀念卽謂此種觀念乃由神之意志直接移植於意識中者至是遂視道德法則爲一種先天的眞理而其釋此眞理之由來也與柏拉圖異不以爲出自觀察超感覺界之事物特謂神與人類接觸而移植之於其精神中耳以是之故故所謂良心一語亦有加以宗敎上或哲學上之解釋者及其結果則謂良心之聲不過神以具體的個別的之道德法則指示人類而已且又以爲神之指示外尚有他種指示與之對峙者卽摩西基督及其他之豫言者所賦與之天啓是也如前所述則自柏拉圖至近代哲學之初期超驗的道德論由客觀的而變爲主觀的倫理學史中所謂直覺派 Intuitionismus 者卽指此也直覺派以爲道德規範卽能於人類精神中直接認識之眞理從彼等之見地則由直接認識而得之眞理與由外界經驗而得之眞理性質全殊故由此派之主張而搆成康德以前唯理哲學之一部分至其哲學之或取現實的趨向抑取理念的傾向非所問也含此兩種趨向之唯理哲學迄於最近世而猶存彼等至欲以道德上之直覺作川與數學上之直覺作用相提幷論因以爲道德法則之內容乃能直接自

明者彼等既於一方指示此道德法則於經驗上有普遍之效又於他方指示此道德法則於生活上有確實之性故即謂直覺派之於倫理學系統中乃接近於經驗的傾向者可也

雖然直覺派之倫理學亦有突進一步而無關於經驗的傾向而獨攄偉見者斯披洛若之倫理說是也從彼之說則雖所謂『善』之一概念其自身亦超軼乎道德範圍以外何則彼以爲善也者與對於神之認識直接相伴而爲知力上對於神之愛念是以善之概念變爲一種宗教上之概念夫既變爲宗教上之概念是已失經驗的道德現實的道德之性質矣斯披洛若

曾舉一例以證之彼以爲惻隱之心乃一種苦痛之情緒由於不適當之認識作用而起申言之卽精神之不完全之狀態是也審是則無論其現實若何又安見其與道德界相關聯乎故斯披洛若斷言之曰吾人以是之故欲故使一切經驗不與善之概念相關聯焉

然則直覺派之誤謬何在乎請得而指摘之此派雖常執數學上之認識以爲證例而謀與經驗的道德互相調和然所憾者彼等又於他面下無理之解釋至與道德事實有究竟不能適合者何謂無理之解釋卽謂道德上善與惡之兩極歸於認識

上明晳與曖昧適當與淆雜之兩極簡而言之則謂道德上之反對畢竟由於知力上之反對是也直覺派哲學之於認識論中常以此種思想佔其重要部分然是使道德上之概念轉失道德上之性質其極也將於所謂道德之一概念有不能加以理論的研究者矣

（二）超驗的主意說　超驗的主意說始自康德如以前文之超驗的主知說稱爲直覺派則此派亦可以無上命令派Imperativismus（或嚴肅派）名之何以名之曰無上命令派蓋從其說則人之爲善決非認識道德上之善惡惟以所謂道德的

命令者得諸根源而受諸內心故也但亦謂所以受此命令者以有超驗的之泉源在與直覺派之於認識同所異乎直覺派者則有二點焉第一其於人類之意志也不以其固有之本性而解釋之故以爲意志作用之與認識作用恰立於反對之地位蓋從無上命令派之見地則意志爲超驗的之能力故與彼限於感覺界之認識作用乃彼此對立者也第二直覺派以爲道德上善與惡之反對由於知力上明與昧之反對而無上命令派則不然以爲善惡所由來特由於超驗的意志與感覺的衝動之反對耳

由前以觀。則吾人雖進一步。謂無上命令派。與後文所述之經驗的道德論及內在的道德論。既相接近。亦無不可。何則。此派之主張。既不似直覺派以吾人意志爲知力之器械的結果。亦不似柏拉圖以爲道德行爲出自由外界而得之本體的觀念。而反以爲意志之爲物。乃存在精神內之能力。惟與感覺的衝動相觸接。而其作用始著故也。雖然。此派之所主張。與實際之道德的經驗。有不無矛盾者。得由二端以明之。第一。此派之謂意志之非知力作用也。乃謂意志作用與知力作用爲全無關係者。是則經驗的道德論所未能首肯也。其謂意志作用出於無關知力之超驗的泉源亦與經驗論相矛盾第二、此派既以爲超驗的之意志與感覺的之衝動有觸接之關係是假定吾人爲有二重意志者也何謂二重意志即一爲超驗之意志先感覺而存而依屬於人之超驗的本性一爲經驗之意志藉衝動而現而依屬於人之感覺的本性是也如是之解釋是既陷於神祕的且自吾人觀之其含有神祕之性質轉過於直覺派何則彼直覺派雖假定超驗的之認識力但猶以爲超驗的之認識作用與現實的感覺的之認識作用類似故由此而生之道德上認識作用吾人猶得而思念之然如無上命令派之說

則吾人所不能現之於思念也

然則無上命令派之誤謬可得而辨明矣此派所主張之純全意志至謂一切知識感情均與意志無關此實際之所無也如是概念乃不符於現實的經驗之概念也從彼等之說而推其終極則將謂超乎感覺性軼乎因果律之意志一旦發動於感覺界則又反受因果律之束縛乎而謂此非一種神祕的思想乎夫無上命令派所以陷入此神祕思想者其原因非他卽彼等於所謂超驗的意志者本假定其爲神祕的性質故也如欲使此概念能與經驗的事實一致則非別有補助之神祕的概

念。以匡救之。恐终不能自圆其说矣。

丙 内在的道德论

(一)内在的道德论之本质 内在的道德论欲由现实界之人间本性以计量道德之本质。自伦理学史之发达观之此派之说颇至纷歧。不似他律的道德论、与超验的道德论之持义之单简也。然由他方面以观则内在的道德论亦非能严固有之壁垒而主张一贯者。其侵入超验道德论之一部者有之其侵入他律道德论之一部者亦有之。与彼超验的道德论及他律的道德论。以欲接触现实界之道德生活。因而侵入内在的道德論之一部者。正復相同。觀以下所論。列斯義自判然矣。

內在的道德論之欲由人間本性而計量道德本質也。其間自分二派。其一、則含德論之性質。此派所著目者。曰、搆成道德概念之內部的屬性。果何若乎。質言之。卽何者爲德是也。又其一、則含善論之性質。此派所究心者。曰、追求道德行爲之外部的目的。果何在乎。質言之。卽何者爲善是也。

在古代倫理學中。惟於德論最注目。蓋其時他律道德論勢力方張。羣以爲道德命令。皆受自上帝若社會者。但奉此命令而實行之。自足獲外部之善。果則善之爲善。自可不必論也。善論之興起其在道德的推究既稍進步以後乎觀古代倫理學殆全以德論充之而善論則惟見於近世倫理學之中此明證也內在的道德論之於德論善論二者與他種道德論之於德論善論其見地全然不同何則內在的道德論本欲由人間本性以計量道德本質故此派之德論於所謂德之概念既賦以一種特殊之意義焉彼以爲德也者其非人間之外表的性狀固不待言卽於宗教上行爲亦顯有區別者也其於善論也亦然彼以爲善也者不外追求乎人間經驗所可達到之人生目的是亦含有特殊之意義者也轉而觀夫超驗的或他律的道德

論則其於德論善論之見解頗異乎是蓋既以無數相異之分子雜入其間者徵諸拍拉圖及康德之倫理學自可知之從此派之見解則所謂善之一概念以其既爲倫理的概念故故亦爲宗敎的概念是故認識及意志之傾注乎善者以其既爲德故故亦爲宗教上義務不但此也此派倫理學并欲以最高之善立乎人間現實的生活之外故其所謂最高之善實具超驗的性質但設爲下位之善低級之德以與人間之現實的生活圖其聯絡關係而已此卽二者異點所在也雖然此派倫理學既謂下位之善低級之德與人間之現實的生活有關則彼等

之立足既侵入內在的道德論之範圍益不容疑已。

（二）內在的道德論之分類　由前之說內在的道德論之中。有以德論爲主者有以善論爲主者故此種道德論亦可以主觀的及客觀的二類分別名之茲先述主觀的之內在道德論問吾人精神生活中其所謂爲最大幸福之感情者果何指乎主觀的之內在道德論卽欲答此疑問者也此派之亞里士多德旣公然言之曰主觀的幸福之感情卽人間行爲之目的實則古代倫理學中自蘇格臘底以迄斯多噶伊壁鳩魯之徒其意無不如此也。

同一以主觀的幸福之感情爲人間行爲之目的然於主觀的感情與其外形的幸福之關係間因認識之方不同而生種種派別重要之派別有三其一則什匿克派及斯多噶派之嚴肅主義其一則什列奈克派及伊壁鳩魯派之快樂主義是也前者之於外界命運出以消極的之態度後者則出以積極的態度前者不關心於外界命運而但以自修人格爲目的後者反之以爲德之本質卽在追隨永久的快樂此外尙有一派折衷前二者之間肇始於蘇格臘底而大成於亞里士多德此派謂種種精神活動時其內部的關係之狀態卽爲德之概念若外

形的幸福則其關係較薄者耳是說由純然之內在的以明德之本質其極也遂使亞里士多德倡爲中庸說中庸說者何謂德之爲德位於兩種反對情緒之間如位於怯與猂之間者爲勇敢之德位於吝與奢之間者爲慈善之德是也又蘇格臘底力說修德之必要而謂非自求德不可得之此則有足補助中庸說者

(三)近世倫理學之發生　近世倫理學不但採用古代倫理學之德論又於道德上之所謂善亦由種種形式以推究其本質及起源焉申言之卽可爲道德目的之客觀的價値果何在

乎對此問而確定之者實近世倫理學之一特徵也是故近世倫理學亦可稱爲客觀的之內在的道德論其所以對於客觀的之善而苦心以確定之者果何自起乎蓋始於神學的倫理學以此輩學者既全離乎超驗的之基督教倫理說與拍拉圖倫理說或現世的之亞里士多德倫理說進而爲獨立之哲學的思索故也要之入近世後倫理學之所努力者卽在純然立於現世的之地位以建設道德其所以促進倫理學之機軸一新者蓋有二原因焉第一以哲學思想之全體一旦易爲現世的故第二以自然科學的之世界觀一旦浡興故也第一原因

不必深論。試就第二原因更詳述之。蓋世人觀念中既以爲自然界者不過本乎內在的（自然的）法則而發生之一全體由此觀念之普及則推之道德界自生一種觀念曰、道德的行爲之目的卽在制馭此自然界而利用之於人間之目的耳以是之故遂起一種疑問曰、如此制馭自然界而利用之之道德行爲果何所爲而必實行之乎詳言之則將爲個人而起乎抑爲社會而起乎如以爲爲個人而起則所謂個人之義指行爲者之自身乎抑指多數之同胞乎以是之故故客觀的內在道德論之中首生二種派別卽個人的倫理說與社會的倫理說是而個人的倫理說之中又有二種派別即自利說與利他說是也至社會的倫理說謂一切道德行爲皆爲社會而起而又以爲社會非漫然之集合體乃自有發展進步者故道德上之所謂善自亦含發展進步之性質是故道德者超越乎現代的存在亦超越乎個人的存在者也其主張斯義者夙謂之進化論的倫理學然即此社會的倫理說之中雖同以社會爲道德行爲之目的而因社會之釋義不同亦生二種派別其一置重於搆成社會之個人自身其一則置重社會之精神的產物前者可謂爲主觀的之社會倫理說後者可謂爲客觀的之社會倫

理說。

是等種種倫理說。在近世倫理學史中。其一部分則彼此幷存。其一部分則後先繼起。然自其發達之大體以觀。實由個人的倫理說而移於社會的倫理說。又由主觀的傾向而移於客觀的傾向者也。惟細繹其變遷之跡。亦間有前後倒轉不盡如前所言者。其同時對峙而相論駁者。亦非無之。雖於今日猶然。甚則以他律道德論及超驗道德論之分子。雜入其間。觀以下所述自知之矣。

（四）個人的倫理說之分類　茲就個人的倫理說之中。先取自利說述之是說也始自近世倫理學之初期蓋是時之人既欲擺脫一切傳說之羈絆進而爲獨立之倫理的思索故斯說所由孕育也霍布士之倫理說卽代表此派者霍氏取舊來之政治的他律道德論而改造之以創爲自利說彼之意以爲現代之法制的秩序實爲人人所宜遵守之根本問此法制的秩序何由而生則曰以人各自謀厥利故夫然則彼之以道德行爲爲出自利己的動機者固必然之數也實則彼之論調旣軼入他律道德論之範圍昔之詭辯學派可謂首開此種論調之先聲者其後無論何派苟主張意志之萬能者未有不陷於他

律道德論者也。

入十八世紀。啓蒙哲學。興於法國而自利的倫理說。乃由海爾維休及其徒倡導之。此派之人。以自利說爲根據。而說明道德界之事實。其借助力於政治的他律道德論及宗教的他律道德論也。較霍布士尤甚。試叩彼等以道德心之淵源。而謂人之所以能爲他人或爲社會謀其幸福者何爲其然則彼等答之曰人之利己心無限制賢明之政治家深知限制此自然的利己心於各個人有益而必要夫是以設爲種種道德命令也其說如此則夫外界所賦與之道德命令自彼等觀之不過對於無限的利己心之和緩劑耳而持此見地以解釋意志之動機之所由生則所謂自利的道德說者實卽悟性的道德說何則謂人間行爲全由利害之見地而出是則以爲意志者但能本論理的之計畫而活動者也

個人的倫理說之第二形式則爲利他說然方此說發生之始幷未脫自利說之痕跡其故則以利他的道德說仍不外由自利說而嬗蛻者何則謂他律的之道德的秩序所以防禦自然的利己心而道德的秩序之所由生由於以合理的計量自己之眞正利益故是明示利他說之由利己說而發生也以是之

故故利他說之最初形式畢竟屬於悟性的倫理說申言之卽築於利己說之基礎上之利他說也更以適切之語表之則立於利己說與固有之利他說之間而爲之驛騎者也要之此種悟性的倫理說其說明道德現象也無非求之於他律的動機謂道德現象所由來卽由宗教的命令或政治的秩序之類以種種要素結合而成者英國之約翰洛克卽屬此派至邊沁之功利說中尤爲此種悟性的倫理說畀以本質的之基礎焉邊沁以爲道德行爲之目的卽在最大多數之最大幸福而於利他的行爲所應遵據之規準不憚明瞭指示之恰與洛克同一

見解雖然彼以指示規準故不自知其立足之地已出乎個人的倫理說之範圍以外矣

利他說之中有雖立於自利說之基礎之上而更出以最純粹之形式者則爲感情的倫理說此派以同情慈愛等之直接的感情目爲利他的行爲之動機與悟性的倫理說不同如謔夫志培利即持此見解者彼意以爲吾人於一方面既有純粹之利他的動機由感情而起而亦於他方面有利他的動機由悟性而生乃執此見解以建設一種道德論其說蓋由亞里士多德根本思想而出即以亞氏德論中之所謂正當的中庸者更

適用之於善論是也彼以爲善之本質不外人我二者之要求歸於調和以爲既留意自己幸福而又留意他人幸福者斯謂之善即此派之所主張也

上述之感情的利他說後經休蒙及亞丹斯密之手而更進一步此派之人更援心理學上之聯想法則而善爲說明之然其根本思想仍未能全出乎悟性的利他說之外蓋彼等之意亦謂一切利他的行爲之所由生不外欲以己身之幸福推諸他人特其衍釋之旨更入精微焉爾要之無論從悟性的倫理說抑從感情的倫理說畢竟不能離却計算利害之一點以說明

道德現象惟以其著眼於感情故始獲深觸倫理學之心層則感情說之於倫理學上不得謂非一進步也

（五）社會的倫理說之分類　社會的倫理說以社會集合體爲道德的行爲之目的但其釋社會之意義也人各不同或以爲社會也者即搆成社會之各個人之總計持是說者與其謂爲社會的倫理說寧屬諸個人的倫理說之中之利他說爲宜何則此兩者之間本無劃然之界其於道德的動機之心理的說明亦兩者一致也強求其異則惟二者之於道德上原則其一般的規定之方法或有所不同耳譬如休蒙之所謂同情原

則乃屬於主觀性者故自此點以觀則彼之倫理說固可屬諸個人的倫理說之中然如「最大多數之最大幸福」之原則則并主觀性以外者亦假定及之故自此點以觀則稱之爲主觀的之社會的倫理說可也拉衣白尼茲之倫理學亦爲主觀的之社會的倫理說所異者拉衣白尼茲多加以所謂進化之思想且由其形而上學之見地自然多含超驗的道德論之分子而已又如斯賓塞及近世之功利派亦當屬諸此派之中惟斯賓塞既於一方面力主進化之思想又於他方面重視意志之全能此派之人以所謂利益所謂幸福目爲道德上之原則

故以某意義言之則此派倫理說亦以個人的倫理說而兼屬社會的倫理說者何則蓋彼等以各個人之主觀的幸福爲人生之究竟目的而謂道德之本質不外推及其他各個人俾亦享受此主觀的幸福故也問與吾人以此主觀的幸福者爲何從彼等之見地則不外於日常之感覺的生活或於高遠之精神的生活爲一般人所貴重者自此點言則謂功利派論理說於認定道德之究竟目的時乃以世人之通俗的解釋爲基者亦宜。

客觀的之社會的倫理說與前者相反其於道德上之所謂善

但由客觀的之意義而尊重之至各個人之主觀的幸福不在其計算中也此派之說取人間一切精神的產物若宗教若藝術若科學若國民生活及人類生活之進步等假定爲客觀的之善而謂此等精神產物之於個人所既幸福如何不必過問卽此客觀的之善之自身便爲道德上之目的申言之卽謂道德之本質在常以純粹無私之意志追求此等客觀的之善以謀其進步發展而已自此種倫理說之發生倫理說已加入進化論的之分子且兼取德意志哲學中之歷史哲學之趨向而進如海格爾於其哲學中所述者卽是海氏之說固爲時代所

驅。抑亦其不完全之論理的及哲學的假說。有以產此自然之果耳。

丁 結論

觀前文所論列。可知倫理學說之發達史上。尙有無數反對之學說紛然并存。問此種反對學說。今日有無調和之望。則不得不掉首以答。誠憾事也。其故不待他求。但觀今日道德論之中。尙不能取他律的道德論及超驗的道德論而盡屏之而代以自律的道德論及內在的道德論。則其他從可知已。雖然吾人於此。姑勿深論。所尙欲一言者。曰倫理學史上對於道德本質及其起源之解释果取若何之径路而发达乎苟观于是者当知人间之科学的思考作用其间自有一定之理法焉申言之即谓人间思考作用之发达阶段其于伦理学史之上如对明镜而无遁影是也请综前说而递列之以终是篇

第一、阶、以他律的道德论为发轫之始

第二、阶、由宗教上之他律的道德论而移于超验的道德论

第三、阶、超验的道德论之中由客观的而移于主观的又由主智说（即直觉派）而移于主意说（即无上命令派）

第四階、內在的道德論繼超驗的道德而起

第五階、內在的道德論之中由主觀的之德論而移於客觀的之善論

第六階、客觀的善論之中由個人的倫理說而移於社會的倫理說又個人的倫理說之中由悟性的倫理說而移於感情的倫理說

第七階、以感情的倫理說爲之津梁而以社會的感情說造其基址於是先有主觀的之進化的社會倫理說而後客觀的之進化的社會倫理說繼起焉

按是篇據原按語、乃譯自文德氏哲學槪論者、

附錄

倫理學研究法

自來說倫理學之定義者。苦無一定。既因時代而異。復因民族而殊。或曰、是論人生之終鵠者也。或曰、是說道德之理想者也。或又以之爲至善之學。爲本務之學。爲品性之學。爲行爲之學。厥說紛蕃。夫、其所以、致此、者。果、何、故哉。詮之者有數說。一曰、倫理學之進步不已。無以異於他學。則其定義之漸趨於完全者。勢也。一曰、人民風習。社會制度。次第發展。故研究倫理之範圍。

自然益深益廣。宜其定義之有變易也。一曰、以人類進步故。其道德知識。其道德感情。古今相去懸殊。則定義之變遷。或亦個人道德意識之發達。有以致之。推諸將來。蓋亦如此。雖然之數者固各科學之所同而非倫理學之所獨然。考之其餘科學。縱令定義歧出而終不如倫理學之甚。則又何故此無他。倫理學以道德爲研究之對象。較諸他學之對象。蕃變無方。故其攻究之涂異。其闡明之鵠異。而說倫理學之本質者。自不得不殊。其見地也。綜觀古今學子之說。所採定義。固各涵一面之眞理。然欲指爲完全無闕。猶病未能。則亦以研究倫理學者。大率著眼於一方而忘其旁面故耳竊謂倫理學之範圍中實賅各方面而有之其一與心理學之關係其二與社會學之關係其三與生物學之關係其四與經濟學之關係其五與哲學之關係自今以往有志研究斯學者自非面面俱到殆未易與於完成之域也

一倫理學與心理學　道德由心意之活動而出爲人類之所獨具然則人之精神以何法而活動循何途而發展又其所異於他動物者何在苟非知之深解之確其不足與言研究倫理無待論已試卽倫理學之内容以觀或則研究行爲之由來或

則研究行爲之終鵠。或則研究良心之起源及作用。凡斯之類。卽謂爲心理學上之研究亦詎不宜。且二者之間。寧相與有成者。不獨研究倫理學有俟於心理學者甚多。又以研究倫理學故而有裨於心理學者亦復不少。伊古迄今。以倫理學家而兼通心理學者。其人不可僂計。誠爲此也。至研究倫理學者所需心理學之知識。自與心理專家不同。譬如研究知覺感覺。卽所謂精神物理學者。此在心理專家。固視爲重要。而研究倫理學者。無取乎邃密。寧精於普通心理學足矣。所尤重者。厥惟意志感情之心理。此中未決之義。今猶不少。果於此更獲精碻之知

識則倫理問題中由是得以解決完滿者當不少也

二倫理學與社會學　歐洲古代既有由社會之見地以攻究倫理者觀於柏拉圖及雅里士多德即可灼然惟當時尚無所謂社會學者存故其立說不如今之詳密耳迄於中世倫理學幾降而爲神學之隸卒以爲人自有心靈道德即由此出一若孤立無偶之人道德根苗依然尚在若社會與個人之關係殆無復置諸目中者雖至近代而此個人主義之趨嚮猶未變移百餘年前以社會學勃興而個人與社會之關係之密切益爲學者所認見謂研究倫理學不可不待助於社會學之知識者

幾有異口同聲之勢然卽謂今之倫理學其重視社會方面不如重視其餘方面之甚亦宜是蓋有故焉自建設社會學以來爲日尙淺研究之方亦無定軌故社會學說之中孰最完確苦難判斷居今日而欲藉社會學之知識以有所貢獻於倫理學固未易言然一念夫個人之與家國關係若彼其密邇則謂倫理學將來之進步多恃社會學材料爲其奥援無可疑也抑尙有說者向來倫理學以偏重心理方面而流於個人主義故其反動之影響遂有一派學者竟視倫理學爲社會學之一部至謂有社會學在倫理學幾等於無用法國學者尤多此派斯則

視倫理學如道德發達史亦過當之見未足爲訓也。

三倫理學與生物學　人亦一生物也。人之身體。常受制於自然之法則。而莫可踰越。與其餘生物同。然則人類行爲。與夫生物界之自然法則。其間不無影響。可斷言也。昔之倫理學家。於此多蔑視之。以爲人之心靈。自有生命。搆成人格。殆與身體無關。甚則謂一切惡德。都由體慾而來。非滅人欲。卽無以全眞宰。其卒也。乃有自然主義求樂主義。起而與之反對。而不知饜足欲望。但爲所以達道德之術。非所以達道德之鵠。則其失亦猶之禁欲主義耳。學說之當否。今非所論。第自研究之途徑以言則古來倫理學家。輕視身體。而置生物學上之知識於不顧者。究非所宜。卽如進化論者所謂爭存所謂天擇所謂遺傳。凡此由研究生物學而獲之眞理。在倫理學家洵不可不旁顧及之。背乎生物界之自然法則以說明道德現象者。其立說終不得而完全也。但有一派學者。竟欲應用生物學之法則以建設倫理學。竊亦以爲未可。人類雖與其餘生物同受制於自然法則。然別具高等之精神能力。安能與劣等動物等量齊觀。竟執生物學之法則以解決人類行爲。烏得不陷於誤謬耶。

四倫理學與經濟學

倫理之與經濟。關係密邇。昔人早旣知

之。故曰衣食足然後知禮義。曰無恆產則無恆心。其明證也。更進而論之。則道德之與經濟。其實互爲影響。衣食足然後禮義興。亦必禮義興然後衣食足。有恆產然後有恆心。亦必有恆心然後有恆產。二者之關係若此。故伊古以來研究倫理者。固未有不著眼於經濟問題者也。其在今世。蓋又甚焉。百年以來。實業勃興。生計昂進。貧富之差。日甚一日。社會組織既大有變遷。故種種道德問題。自然關聯而起。試即一二端例之。譬如歐洲工廠傭人萬千。而不能知主人爲誰。何則受傭者與傭者之間。求如昔之以忠實慈愛相維者。必不可得。又如實業盛興。少年男女。麕聚都會。外誘紛乘。而往日儉樸誠篤之風氣。幾無復存遺。此外若遲婚問題。若衞生問題。若教育問題。若婦孺勞動問題。若人口增殖問題。凡以生計界之變動而貽影響於道德者。蓋不可勝計。且自今以往。此類問題。或將踵起無窮。後此之研究倫理者。苟非於經濟學具有確切之知識。其奚以解決此類道德問題乎。不獨此也。即專攻經濟學者。亦不可不注重倫理一面。匪是。其立說亦未得完全。今之經濟學說。所以往往爲世詬病者。蓋以此也。

五　倫理學與哲學　道德爲人類之所獨顧。何故爲人類之所獨不釋此疑則道德之根柢終莫自而闡明之而欲釋此疑自不得不進而入哲學之範圍矣古來哲學家欲由其哲學上之立足地以闡明倫理者固不乏人然自今日以觀自當以倫理學爲一獨立之科學以科學之方法研究之而後以哲學上之研究爲其最後結論約而言之卽不以哲學爲倫理學之發軔地而但視其爲歸宿地是也古來倫理學之於哲學方面其研究之功較有進步而今日則頗有中止之勢蓋亦悟夫研究倫理者必先從科學一面入手非科學研究上既獲圓滿之果則欲於倫理學上得完全之哲學說終不能也惟吾曹研究倫理

時究有不可不知者曰既研究科學之倫理學即不可不繼以哲學上之研究然後擇取一種哲學說以爲其倫理學之結論若竟效某派學者主張「不可知」之說而置哲學於度外則其所建築之倫理學終於基址傾覆而已抑哲學派別紛歧究以何說爲科學倫理學之結論乃近於完確乎欲解決此疑問其當以通曉哲學史綱爲一祕鑰自不俟言至哲學說之中不問爲唯物派與唯心派抑不問其爲一元派或二元派取以爲科學倫理學之結論俱有不免於遭遇難沮者惟以比較言則從唯心論以釋人格而由其哲學說以說明倫理學說者其難

關似較少若從唯物論以釋人格或將視人類爲物質之一而道德行爲幾有類於生物爭存之一種則所說倫理學勢必於快樂派外無可採取此證之倫理學史而昭然無疑者也雖然此說也非必謂唯心論之哲學果較唯物論爲完全蓋哲學之爲學非僅闡明人格現象與道德現象已也故必兼顧各種學問之要求所在而立爲面面圓到之說不能以其說之於倫理學結論上較近於完全故遂斷定其哲學說之自身爲完全無闕者蓋哲學與其他科學之所要求固各不同也

綜觀以上所論可見倫理學之爲學實括種種方面而兼有之。

昔之倫理學家。以偏重一面而忽忘他面故。故所說雖各寓眞理。而皆不能許爲完全。其爭論不已者。亦正由此。嗣後研究斯學。者自當面面兼顧。集其完確精博之知識。而綜合之統一之。以建立倫理學說。不然。則徒蹈前人覆轍。終於勞而無獲耳。由斯以言。則今日之研究倫理學者。不得不謂爲地位較難。其久無精深博大之倫理學說。出現於當世者。非無以也。

倫理學淺説

目次

倫理學淺說

第一章　論人——行爲之評判

修學餘暇，三五同氣，圍坐閒談：必曰某也善，某也惡；某事正直，某事邪僻。談者興高意豪，聞者亦點頭稱是。一若尙論人物品評是非，其事乃人人之所善爲，而絲毫不用疑慮者也。然而略一涉思，則可立見其大謬不然。試觀法庭之審判案件，上訟詞，搜證據，開庭訊，遞辯狀；一案遷延，久則經年，短亦累月；又何若是之難耶？豈法官果皆奉職不力歟？抑吾人之論人太涉鹵莽滅裂耶？

論人本非易事，首當研究評判究應以何者爲對象？通常評判，皆就行爲之結果言之。使有人焉，呼號道旁，勢同待斃；有人過而衣之食之，安之慰之，則旁人相率而稱之爲善人，目之爲善行。無他，以其行爲具有活人性命之結果也。此就結果以評判行爲之法，學者名之曰結果論。

使有人焉，平日則一錢如命，慳吝異常；一旦公民集會，大募愛國捐款，彼忽解囊出款，而在報紙上或口頭間自揚其愛國心；實則彼之捐款，初非出於急公好義之情，乃欲藉此機會以爲沽名釣譽耳。素日稔知其爲人者，必相與鄙視之，而大誅其心。此就存心以批評行爲之方法，學者名之曰動機論。

孔子曰：「我欲仁，斯仁至矣」；又曰：「苟志於仁，無惡矣」；皆近於動機論也。墨子謂：「天之愛人視聖人之愛人爲薄，而其利人則視聖人之利人爲厚」，則又近於結果論也。此二說者，各有短長。從結果論，則爲善者須實事求是；可以鼓舞羣倫，使其具有奮發之氣。其弊也，流於輕罔黠慧者每易售其弄人之技；而較愨者，遂失略迹原情之機。從動機論，則有志者將潛心修養，一洗炫賣之澆俗；其弊也，昏瞶脆弱，獨善一己則有餘，斡旋世運則不足。故皆非善策。

結果論，動機論，既皆不可恃，吾人究將如之何乎？吾人之所評判者爲行爲，即試將行爲而加以分析，視其構成之成分如何，或不無裨益也。在行動未發動以前，每有兩種以上的意向而以徘徊於「爲之乎抑不爲之乎？」之間者爲尤多。徘徊顧慮後，終於料定爲之則有如何結果，不爲則生如何變化；推測既定，乃下一種決心，而決心爲或不爲。決定必爲之時，必又持有一種目的與達到此目的之相當方法；以目的與方法之具備，爲下決心之一般條件故也。又於進行中所可遭遇的挫折與不幸，亦必詳爲計慮，以預籌應付之方。凡此皆未曾發生行動以前所應有或可有之狀況。既發爲行爲以後，或則如其預計而完全實現，或則中途發生意外而完全失敗，皆屬事理之常。

今表示之如下：

- 內心狀況
  - 一、意向之決定
  - 二、目的
  - 三、計劃
  - 四、預期的結果
    - 所望的結果
    - 或然的變化
- 表面行爲
  - 努力
  - 結果
    - 預料的結果
    - 未能預料的變化

評判之法，可由此獲得其秘訣。第一評判當以預期的結果爲對象。例如朋友數人約定某日同至漢口議事。甲從上海動身，若乘輪船則須早一日動身，若至南京換乘火車，則遲行一日，亦可及期而至。經數次考慮後，因遲行一日，於事務之佈置較爲周密，乃決定遲行一日，並乘車至南京換船上駛後果如是執行。不意船至九江，江西忽下動員令將一切輪船概行扣留，以便運兵赴長江下游，甲遂無法赴漢。此時其朋輩果應如何評判之乎？依彼之計劃與預算，絕無誤期之心，爲人所共信。其卒至於誤期者，乃起於預想不到之軍事行動也。故不能課以責任。此不能據意外的變化以評判行爲，乃吾人之所應知者也。

其次，評判行爲，不可誤認計劃爲目的。假如某甲於約期前數日即至漢口，其目的非在赴會，乃欲先期到會以便偵察情形而爲有利於己之活動。此先期到會，乃其計劃之一部，而非其目的。若彼中途設法破壞會議，而又以先期到會自飾其誠意，則吾人不可爲其所欺。

復次，行爲而非出於自己之決擇者，亦不受評判。如被人威脅之行爲，患精神病者之行爲，皆非出於自己之決擇，皆不受評判也。

綜是言之，評判行爲，當：（一）審查其及於他人或社會之影響，（二）次當辨其計劃之疏密，

（三）再次當明其主要目的之所在，（四）而最要者猶在觀其行爲是否出於志願。除第一項，有時稍易辨識外，其餘三者皆爲內心現象，確認甚爲困難。吾人體會他人心意，通常皆用類比法；換言之，卽以己之心度人之心也。己身有某項心思，卽發生若種行爲；及見他人有若種行爲，便推測其有某項心思。此乃研究精神現象所必須採用之方法也。

吾人依據己心以測人心，人之心與己之心果皆同一乎？是又一疑問也。語云：「以小人之心度君子之腹」，猶云君子之用意非小人之居心可比也。外表的行爲雖相似，內心的用意絕不相同者，所在多有。伊尹放太甲於桐；孟子謂有伊尹之志則可，無伊尹之志則簒也。可見同一放逐行爲，其實行時，有無伊尹之志，則不同也。

吾人欲認識他人之內心狀態，必如何而後可免於謬誤乎？是則當就其人之品格而審核之。品格爲心意傾向之確定的系統；其發動也，有一貫的線索；其於外物也，有適當的迎拒力。乃各人主要性質之所在，亦卽各人人格之所繫也。品性產生行爲，行爲表現品性。雙方彙核之，雖大奸慝，不能有所隱匿矣。孔子曰：「視其所以，觀其所由，察其所安，人焉廋哉！人焉廋哉！」視其所以者，視其所爲也卽偵察行爲之意。觀其所由者，詳其意之所從來也，卽審核動機之謂。察其所安者，卽辨識其心之所樂也，亦卽推檢其品格之謂；蓋吾人之所樂者，必卽與吾人之品格相一致者也。由是觀之，論人豈易事哉？語云：「閒談莫論人非；」非徒避禍之術，實亦寡過之道也。學者勉之！

第二章　制裁——行爲之責任

吾人旣已辨別行爲之善惡，隨之卽生制裁作用，善則勸賞，惡則懲戒，而對於行爲者分別課其責任。此亦吾人所慣爲者也。然而其事之困難，正不讓於行爲之評判。

第一問題爲行爲者究竟應否負責？換言之，卽責任有無之問題也。常人之言曰：某某作惡，非其本心，乃社會惡濁使之然也。是卽謂個人無責任，而責任在社會之說。學者間有持意志宿定論者，多卽否認行爲之責任。宿定論謂世間萬象皆爲連續的，有果必有因，有因必有果。見果之因，復求因之因，而因之因又自有其因。如是窮究，無有已時。故各種行爲皆受必然律的控制；既爲必然的，卽無責任之可言。與此說相反者爲意志自由論。意志自由論者，謂一己主意之決定，大可隨心所欲，此爲人人皆可反省而知之事實。若不然者，則一切法律道德，皆失其根據矣。

於斯二說，欲加判斷，則必於決定行爲之因素，加以分析。決定行爲之因素有六：（一）爲生物的遺傳性，包含人類所通有之本能，以及一己祖先所遺傳之特性；美國鄒克斯族（Jukes）共有五百四十人，幾乎無一不曾犯罪。據醫生之研究，犯罪的傾向實係得之於遺傳。（二）社會的遺傳；社會的道德文化，習俗，禮教，對於一己皆有浸潤之力。（三）生理的狀態；如因酒精中毒之神經昏亂，如因疲勞過度之血氣失調，皆可陷人於罪。(四)理性，亦天賦能力之一種；其作用在審察事態，決擇行爲極可寶貴。(五)習慣爲個人已往經驗之結果；對於未來的行爲，具有控制力。(六)遭際；對於行爲有刺激力與牽制力，如曹操可爲治世之能臣，亦可爲亂世之賊子是也。

六種因素，一二兩項絕對在個人的控制能力以外，祇可視爲社會問題，由大衆負責解決，不能以其責任加之個人。淑種學及社會改革運動，即由此而起。故於遺傳的罪犯與惡劣家庭之墮落子弟，現時法律祇求其無害於社會，而不予以重大的痛苦。第三生理的狀況與第六遭際，吾人皆祇有部分的控制力。如不酗酒以保持生理的寧靜，不接近惡誘以保持內心的純潔，乃個人之所能爲力者。他如爲瘋犬所噬而生狂疾，爲天災所窘而起盜心，則皆個人之所無法控制者。第五習慣，可控制於未成之前，難防範於既成之後。惟習慣成於同一行爲之多次反復，習慣雖有勢力，而其勢力乃吾人之所造成，故吾人不能不負其責任。近世學者研究之結果，對於吾人行爲具有最大的影響者爲早年的習慣；惟早年的習慣係由家庭習尙薰染而成，當列入第二項社會的遺傳之內。早年習慣勢力甚大，若不幸因而墮入罪惡，社會固當諒宥之，但習慣終可因努力而革新，有志者切不可以此自恕而安於下流。第四項理性指示行爲的路徑。有理性然後能決擇行爲，能預料結果。行爲既由本人決擇，本人當然應負責任。行爲結果既已預見，則其結果之善惡，本人亦無諉卸之餘地。故吾人對於行爲擔負責任，卽因吾人具有理性，而理性又足以決定行爲也。人爲理性的動物，若非理性未成熟（未成年人）或理性損傷者（如精神病者）舉不能逃避社會之制裁也。

由是言之，行爲之責任，有爲個人所應負當者，亦有爲個人所不能負當者。從事判斷之人，宜存心寬大，從多方面考慮其行爲之動因，庶幾可以偵得其實情也。

第三章　至善——行爲之標準

吾人於他人之行爲，批評之，制裁之，蓋所以奬善抑惡；有不期然而然者。雖然，吾人之所謂爲善者，究以何種理由而謂之爲善？吾人之所謂爲惡者，又以何種理由而謂之爲惡？質言之，卽善惡標準之問題也。使善惡之標準明，則論人持己皆有定則可循，而無矛盾虛僞之患矣。

所謂善，究有一定的標準否乎？有否認之者曰：世間無絕對的善惡，昨日之所是，今日已非之；今日之所非，來日或是之。男尊女卑，舊日所認爲是者，今已公認爲非矣。男女無別，昔日之所非者，今日又或認爲是矣。此猶就同一國民言之也。若夫民風不同，所善各異，則尤爲顯然隨地可見也。例如家庭制度，中土側重扶持，父子老弱，相依爲命，故以大家庭爲原則；西洋側重自立，兄弟姑婦，各自爲計，故普行小家庭制度。此二地者，各是其是，各非其非；是者旣有人非之，非者亦旣有人是之，則是無公是公非也，何有所謂絕對的善惡哉？此善惡無究竟標準之說也。其與之相反者，則曰：「天不變，道亦不變，」善惡原爲絕對的，患在人不之知耳！譬如地形，無知之人，或認爲方；此其所病乃在彼之無識，豈得謂地形爲可方可圓乎？

是二說者，一憑經驗立論，一憑理性持說，細核之，原非絕對不可並存者。蓋經驗之外形固千差萬別，而其間所含旨趣固有可得而疏通者也。即如前之所言，或主男尊女卑，或主男女平權，吾人今日已對勘之而加以評判，則吾人必更立一標準於二者之上以爲審核之資。其較合於此標準者，則謂爲善；其不合於此標準者，則謂爲惡。二者必有一善一惡而不能同時爲善，或同時爲惡也。至昔日之所認男尊女卑爲是者，則緣見面不與謨以此爲最適於此標準也。至此標準果爲何物？則可假定爲社會之治平。舊時人士皆以爲秩序之確定，乃治平之要道，故區別爲一尊一卑；今者知社會之安康，可建立於平等互助之上，故許可二者之平權，而拋棄舊說，以成立新義。可見二者表象雖殊，究其實意之所向，則同在社會之治平也。

如此統括萬象，超越其外表的殊異，而求其內質之一致者，是爲至善之研究。凡欲依理性以制導行爲，而不願芸芸以生，夢夢以死者，於此皆須加之意也。

何爲至善？此最難解答之問題也。從來解答之者，亦各異其說。古人曰：「可欲之謂善；」吾人之所謂善者，必吾人之所欲求者也；使其不合所欲則決不謂爲善也。孔子曰：「己所不欲，勿施於人；」蓋亦有見於己之所不欲則易爲不善也。故「可欲」一義，確爲善之特徵。然而人心各異，好惡不同，此之所欲，或卽爲彼之所惡也。故「可欲」之義，雖足爲修養方針，俾待人之行無悖於忠恕之道；然而不足以明示行爲之究竟的，普偏的標準，誠以我之所欲未必正，而人之所欲亦未必同也。

有謂人類之行爲無非所以求樂避苦者。其意以爲好樂惡苦，乃人之至情。人類之所以有種種經營，不憚艱勞以赴之者，此其故無他，夫亦曰欲以今日之困苦博得未來之快樂，欲以些許代價換取重大報酬也。故快樂之尋求爲人生自然之傾向，而善惡之標準亦卽於是乎在。凡足以增進一己之快樂者皆爲善；凡足以引起一己之痛苦者皆爲惡。此其爲說，就其着重感情言之，則謂爲快樂說；就其着重一己之快樂言之，則又謂利己說。我國古有所謂楊子者，以修己自適爲人生軌範，不侵人亦不利人，故孟子謂其「拔一毛而利天下，不爲也。」

凡謂一己行爲應絕對以個人之苦樂爲準繩而無所容心於他人之利害者，是爲「原始的利己說」。又有明知吾人之行爲不必利己，而仍爲舉世所寶貴，一己所欲求者。其顯著之例莫如父母之愛其子女。父母之撫育子女也，己雖餓而兒不可不飽，己雖勞而兒不可不逸，苦神焦思，日夕不遑，皆無非所以求子女之幸福，而個己則毫無所利焉。使利己說而是，則於父母之行，將不得不謂爲非矣。此種理論，人皆知其有失公允。故進一步而爲之說者，則曰：利他卽所以利己，蓋利己其目的，而利他其手段也。父母之愛利子女，其意亦將以求子女之侍養於將來也。諺所謂「積穀防飢，養子防老」者是也。凡屬利他行爲，其理莫不如是。若斯之說，世謂爲「開明的利己說」，以其能用利他之事爲手段以收得利己之效也。

人羣相處，禮尚往來，報稱之事，理所應有。孟子曰：「愛人者人恆愛之，敬人者人恆敬之」；又曰：「殺人之父者，人亦殺其父；殺人之兄者，人亦殺其兄。」故爲善者得善報，爲惡者遭禍事，相感而至，本屬自然；曾子所謂「出乎爾者返乎爾」，蓋莫之爲而爲，莫之致而至者也。是故利他之行，誠足以自利，而世之能洞徹此理者，亦每能本「將欲取之，必固予之」之義而利用利他之事，以收得自利之實也。然而不得據此便謂一切利他行爲皆起於自利之念。誠以利他之心亦人性所固有，其作用之重大絲毫不讓於利己之情。依生物學之見地言之，利己心之用，在自我之保存；利他心之用，在種族之綿延。個人天性之所要求，不但爲個人一己之生存，且亦在個己所屬羣體之發達。父母之撫育子女，乃出於保存種族之本能，初非有若何自利之用意於其間也。其他一切利他行爲，莫不可依此類推，故開明的利他說，雖有益於勸人爲善，然不足以明善惡之實，故不能認爲妥當之說。

原始的利己說與開明的利己說，其精疏固不同，而其視快樂爲人生之究竟目的則無二致。夫快樂者，感情也。感情之爲物，起伏不定，變化無常。曩之所喜，頃卽厭惡；無則求之，有則棄之。此好惡不能恆定之弊也。或厭膏粱，或甘藜藿，飢則易食，渴則易飲；此好惡不能整齊之弊也。且芻豢之悅口與義理之悅心，其爲悅也雖一，而其品質之懸殊則不可以道里計，吾人果將以同類視之而無所高下於其間乎？抑將明辨高等快樂與低等快樂之不同耶？可見快苦之感甚不便於用作究竟目的。

感情之爲物，不但不合究竟目的之用，抑又常爲盛德至行之累。誠以感情爲盲目的，不辨利害，不識是非，一以好惡爲從違。古人云：「人莫知其子之惡，莫知其苗之碩，」即由於此之蒙蔽也。故心有所忿怒，則不得其正，有所好樂，則不得其正。欲心之所發皆當於理，則於情慾之生不可不嚴爲監察，務使其軌於正義而後可。故從來言修養者類多視情慾爲危險份子，而主張用理性以節制之。故易稱「君子懲忿窒慾，」孟子言「養心莫善於寡慾，」孔子亦病申之多慾而不得爲剛（論語云：申也慾，焉得剛？）其甚焉者，則走於極端，主張絕慾之說，而務爲克苦之行。其意以爲情慾之最有勢力者莫如肉慾與私慾之二者。肉慾爲精神發展之障礙，而使人流於卑下，私慾爲人我間之藩籬，而使人流於狹隘。故人格之墮落，社會之齟齬，皆情慾爲之祟也。故修己制行，當一依理性之所示以爲取捨，而於情慾則宜梏桎之束縛之，勿使得逞。從來的宗教家苦行虔修，多有懸爲戒律者，即禁慾主義之實例也。其最著名者，如古代希臘之斯多噶派（Stoics），歐洲中世紀之基督教，乃至英國十七世紀之清教徒，皆是也。

禁慾派論情慾之弊，誠有卓見。然則禁絕情慾，遏抑生意，則亦不免矯枉過正。夫情慾原無罪，罪在縱慾任情。飲食一情慾也，絕之則無以爲生；育兒一情慾也，絕之則無以保種。於情慾之利弊，兩皆洞曉，則指導而控制之，使其每發皆能中節以合於中和之義可也。

具有遏制慾望之能力者爲理性，故學者間有謂道德的進步，全恃理性；凡依從理性之行爲皆爲善，否則爲惡。是爲唯理論。其代表人物，當首推康德。依康德之意，善的行爲，必須純粹出於理性之所詔示，而無絲毫情感作用攙雜於其間。蓋一反主情論之所言，而力主以理性主宰一切也。

快樂說，禁慾說，唯理論，皆就個人精神而要求其滿足者也；所不同者，唯在或求感情之滿足，或求理性之滿足耳。其所重視者，在主觀的精神方面，則大體相同。故可統稱之曰主觀論。其與主觀論立於對等地位，不重視個己的精神，而重視客觀的滿足者，則爲功利主義。功利主義之根本原理爲「最多大數之最大福利。」其意以爲各種行爲，可依善惡之分量而分爲等第的差別。其最上者爲至善，最下者爲至惡，適居於其中者爲無善無惡，其餘則爲善爲惡之程度依其次序，各各有差。每一行爲，須就其結果之總量而審核之視其所引起之苦樂，其強弱之程度如何？其影響之人數若干？其苦樂相較之差量又奚似？如是計算，可得六式：（一）有快樂而無痛苦；（二）苦樂皆有但兩相抵銷樂多苦少；（三）有痛苦而無快樂；（四）苦樂皆有但兩相抵銷，苦多樂少；（五）無苦亦無樂；（六）苦樂相抵，兩無餘剩。六者之中，（一）（二）爲善，以其樂比苦多也；（三）（四）爲惡，以其苦多於樂也；（五）（六）非善非惡，以其苦樂均也。

功利主義着重結果，使人注意於實際的行爲，而無靜坐冥想之弊，是其利一。又着重多數人之福利，頗合於平民主義之思潮，是其利二。英國之功利主義派，於政治事態，社會情況，皆多所改革，非無故也。惟功利主義以快樂之享受爲究竟目的，舉凡前而所述着重感情之弱點，功利主義皆莫之能逃也。

有不似快樂說之重視享受，而特別注意於活動之自由者，是爲自我實現說。其意以爲人生義務皆充分發展其所稟賦的一切性能。凡能助人發展其性能之行爲皆爲善，凡有礙於各人性能之發展者皆爲惡。人生之所要求，在活動的機會。寧可爲活動之故而歷盡艱辛，不願逸居安享而不能自由動作，有如獄囚圈豕。儒家所謂盡性之說，即其類也。

盡性之事，不獨各盡其性也，且必有以盡人之性與物之性也。蓋不能盡人物之性，亦即不能盡己之性也。例以明之，懷老安少，此利他之事也；然而吾性分之仁，非此不足以盡之也。除暴安良，亦利他之事也；然而吾性分之義，非此亦不盡之也。故自我實現說爲合內外之道，不傾外亦不獨重內。而祈求人己之平等自由，而毫無差別歧視之心存焉。能了悟此理，則可以恍然於人我一體，而損他以利己之念絕矣，而利人以成己之意生矣。人生天地間，昂藏七尺軀，欲盡其性分所有而全其天稟所得於利物濟世之事，可不加之意乎？

第四章　明善——行爲之辨識

前曾論及行爲之評判。評判者，對於行爲而加以善惡之判斷也，其所討論者，爲評判之方法。今之所言，則爲吾人果因何故而能識別善惡，視評判又進一步矣。例如吾曾斷定某人之動機爲善的，是評判也；然而仍未涉及吾以何故而能斷定其爲善也。吾以良心之直接詔示得之乎？抑以理性之思維得之乎？皆問題也。

有謂善惡之辨別，得之於直接的認識者，是爲直覺論，亦稱良知論。意以爲認識善惡，猶之乎認識數學的公理。數學公理之眞實不妄，人類本性中，自有了解的能力；不惟無證明之必要，亦且無證明之可能。如二加二爲四，固人人之所通知，而無取乎證明也。善惡之不待證明，亦猶是也。孟子曰：「孩提之童，無不知愛其親也；及其長也，無不知敬其兄也。親親，仁也；敬長，義也。無他，達之天下也。」即此說之代表也。

此說認定善惡爲達之天下的，不因時間之改移而變遷，不因地域之不同而有別。放之四海而皆準，推之百世而無惑。故道德有客觀的眞實性，眞理並非個人一己的主見。是非善惡，皆有其確切的標準，而永遠不變。所謂「天不變，道亦不變」也。若夫指鹿爲馬，倒非爲是，決非人心之本然，乃自昧良心之行動也。世間祇有一種幾何學，世間亦祇有一種道德。

難之者曰：道德既絕無變遷；何以世所謂爲道德者，竟隨人而異乎？喪葬之事，儒者主厚，而墨者主薄；服喪三年，孔子以爲必然之理，宰予則問欲短之；豈非甚爲顯著之例乎？此派學者答之曰：離奇的意見，乃因本性爲物慾所迷，致使良知汩沒之結果。墨者因一點功利之念，橫亘胸中，故顧因愛利天下之故而儉薄其親；宰予因仁心之斷喪梏亡，其慕親之心存延極暫，故自承短喪而心安。實則物慾消泯仁心來復之時，固仍將自識其太忍也。彼慣行不義之人，自外表觀之，其不辨是非，不識善惡，似屬無疑，實則其識善之性根依然猶在，特爲習所蔽物所障耳。一旦習蔽既解，物障既除，其本心之光明固猶能作用如初也。

此說承認識善之力爲先定的，始生之初即圓滿瑩澈，而一塵不染，一毫不虧；嗣後因物慾之牽移，乃漸即墮落，而喪失其原有的作用。故有志爲善者，當洗滌其惡染，懲窒其忿慾，久而久之，自可明心復性而一如其初。其爲說也，固自成條理，上下一貫，未可厚非。但終爲玄學的，而無法證明人性之本善以充實其言也。

較此說爲進步者，則有唯理論。其說以爲道德的認識，依賴純粹的理性，與人身經驗毫不相干。故亦稱超絕論。康德其代表也。依康德之意，理性有遏止慾望之能力，道德的進步，全賴理性。理性超越一切，不受具體情形之滯礙。明通公普，無所不照。因以製定一具體的律令曰：「凡人無論所作何事，須使其可以成爲普徧應用之定律。」並舉例曰：「人當遭遇患難鬱鬱不欲生時，便當自問，若人人皆如我之作爲，遭遇困難便行自殺者，則將何如？又如向人借錢，明知無力歸還，但恐人不肯借，而詐言必還；此種行爲不可普徧的應用，甚爲顯然。」按其意，實與吾國所謂恕道相似。恕者，推己以及人之謂，亦即己所不欲勿施於人之謂，亦即施人如己所欲之謂。依恕道以認識善惡，雖不中，不遠矣。

惟康德之說，獨尊理性，而非視情慾，亦不無瑕疵，氏以爲順從理性，乃爲道德；但順從理性，而摻有絲毫情慾的成分於其中，則亦不足以爲道德。例如爲服從理性而救濟朋友之困苦，確爲善行；但於救濟之時，摻有若干交情作用於其中，則成不道德矣。氏其所以持如是嚴肅之論者，蓋深恐爲情慾所牽累，道德無從中的；故崇拜理性而奉之爲獨尊之明主也。其苦心雖屬可敬，而其抹煞情慾過甚，則亦不可爲之諱也。

情意於道德的認識亦有絕大的功用。孟子曰：「人皆有不忍人之心。今人乍見孺子，將入於井，皆有怵惕惻隱之心。非所以內交於孺子之父母也，非所以要譽於鄉黨朋友也，非惡其聲而然也。惻隱之心，人皆有之，仁之端也；羞惡之心，人皆有之，義之端也；辭讓之心，人皆有之，禮之端也；是非之心，人皆有之，智之端也。」此四端者皆具於本性，莫不有助人辨識善惡之能力。例如有人虐待動物，吾心非之，即惻隱心之作用也；口言仁義而心同盜跖，吾心非之，即羞惡心之作用也；利在則爭先，害來則趨後，吾心非之，即辭讓心之作用也。且吾人之非議他人之殘虐，欺詐，暴慢也，每爲之而不知其故，不曾計及其理由根據者，每每有之，所謂終身由之而不知其道者是也。

由是言之，辨別善惡，不僅理性之力明矣。且超越的理性，有形式而無內容，有原理而無事實，亦不足盡辨別善惡之職能也。形式實質，必相輔而行，方可有濟。例如「殺人者死，」此理性所核準之原則也。然而原則之應用，欲得其當，則不可不了解具體的事實。例如殺人者而爲「司法官」，則決不當科以此條，因司法官原無殺人之意，其殺人乃爲法律所驅使也。故理性不能離經驗以發生作用。於是又有持經驗論者興焉。

持經驗之說者，以爲道德的認識，隨經驗而俱進。經驗豐富，事理愈明，則道德的認識亦愈準確。兒童與野蠻人，每每認非善爲善，認惡爲非惡者，皆由經驗貧乏，不悉各種行爲之影響也。知識既增，文化既進，則對於行爲影響之先見力，預斷力亦隨而俱進；而辨別作用之謬誤亦即隨而減少，其準確之可能亦即隨而加高也。

此說之價值，在使人審愼考慮行爲之結果，勿空憑直覺的臆想，爲鹵莽決裂的判斷。其裨益於吾人之修養也匪淺鮮矣。且世界習俗，人民思想，隨地不同，隨時有異；從經驗論之說，又易於各加說明，而無直覺論與超絕論之缺點也。雖然，經驗論亦祗足以補直覺論與超絕論之缺點，而不能取二說以代之也。誠以無天賦的良知則經驗不能從空而起作用；善惡之識別，其結果雖多有不同，而吾人必有分辨善惡之性格，則固通古今中外而如一也。學者當爲玩索其間而會通之可也。

第五章 德行——行爲之結果

西人之言曰：德行者，行爲之優美純懿者也。儒家之言曰：「德者，得也；行道而有得於心也。」足見德行生於行爲，離去行爲，斯無所謂德行矣。欲成德者，必於力行上措之意焉。故就有德者言之，德行乃其行爲之已有的結果；就未有德行者言之，德行乃其行爲之可有的結果也。換言之，德行乃個人努力之最近的目標，與行爲準則之爲最終的目的也不同。是故德行又爲吾人之最切近的問題，學者安可忽之？

德行與責任，一線相通，有上下之別。各人所不可不爲者稱爲責任，爲之而超過必需的最低標準者稱爲德行。例如不傷人，責任也；而捨身救人，則德行也。大抵言之，責任爲社會所公認的標準，而德行則爲個人特具的卓越鵠的；故責任爲起碼的，而德行爲優異的；責任兼具他律性，而德行則純然自律的。他人能強迫一己盡責任，但不能驅使一己爲德行也。

德行既爲自律的，而一無外界的壓迫，然則吾人曷爲而爲優美之行乎？曷爲而不自安於最低限度之行爲乎？是則牽涉於道德之淵源的問題矣。

所謂道德的淵源者，即實行道力的動力之來源也。有謂吾人之履行道德，乃由於求神之賞而畏神之罰者。墨子曰：「愛人利人者，天必福之；惡人賊人者，天必禍之；日殺不辜者得不祥焉。」易曰：「作善，降之百祥；作不善，降之百殃。」一因果報應之說，事實上雖有一部分效驗，而持之最力者要爲宗教家，不免有迷信論調混合其間。現今人智大進，於神鬼之說，多不盡信。且爲善得禍，作惡得祥，如顏回之夭，盜跖之壽者，亦屢見不一見。故果報之說，漸失其用。

其次以爲道德的原動力爲習俗。其意以爲人類於外界的習俗具有承受性。外界以爲道德者，一己亦從而稱之曰道德；外界以爲必須實行者，一己亦卽從而實行之。不然者，則外界的懲創隨之。荀子曰：「人之性惡，其善者僞也。」「何以播性？曰禮。」何以積僞？亦在於禮。至禮之始創者，則爲君子。故曰：「天地者，生之始也；禮義者，治之始也；君子者，禮義之始也。」禮立而仍有不化者，則懲之以刑。其言曰：「凡刑人者，所以禁暴惡惡，且懲其末也；故刑重則世治，刑輕則世亂。」此說之視人類，過爲卑劣，以爲不懼之以威刑，卽不生向善之心。孔子曰：「小人懷惠，君子懷刑。」畏刑罰者，惟有知恥之君子耳。若夫殺人越貨之徒，則愍不畏死，奈何以死懼之？且此說猶有一根本弱點，卽在不認人性有爲善之根性，而其行善乃完全爲外界所逼使而然。須知逼人者亦人也，彼何爲而以行善逼人乎？勢不得不歸因於其有行善之根性也。荀子謂君子作禮，小人由之使人性爲惡，則君子亦人也，彼何以能制禮乎？且此說之結果，將以奴隸視人人，而有權勢者將大施其壓制手段，蓋因其不承認「人類無待壓迫卽能爲善」也。荀子之後，一傳而有李斯輔始皇以行虐政於天下，其間關係，可以見矣。

兩說既不可取，於是不得不歸根於內心，而謂吾人之行善，乃起於天性之要求。諺曰：「人之好善，誰不如我」—卽此意也。惟因吾人有好善之性，故吾人之責任，祇在長養之，灌溉之，而使其發榮滋長。外界的夾持，非不重要；惟其作用祇限於培植，而不能產生。猶之乎肥料能滋養苗稼，而不能產生苗稼。農夫可使穀苗生，可使穀苗死，但不能改穀苗爲麥苗。此其故何也？毋亦由於穀性之非麥性耳。吾人之於他人之行善也，亦何獨不然？吾人可引誘其爲善，可妨阻其爲善，然而使其好善之性不存，則亦不能自無中生有也。故行善乃根於所性。

或曰：由是言之，若有人焉，好善之性已亡，制裁之施行，终不能促进其德行，则将奈之何？曰：无他法，亦惟有清明其心灵，扫除其障蔽，使之自觉非为善不可耳。盖人之为善也，亦认定为善乃其责任；特其责任乃为对己的，而非如普通所谓责任之为对人的而已。昔贤曰：「不为圣贤，便是禽兽，」盖其责任心之所诏示，实有以使其不得不为如是之发愤也。

道德之渊源既明，可进而研究吾人所应力行之道德究竟安在？希腊学者认定有四种大德：一曰公平，二曰勇，三曰节欲，四曰智。仁爱属于公平之内，不另立一目。公平之义，为各如其分，不爽丝毫。一芥不取，取伤廉；一芥不予，予伤惠。勇为坚忍之义，一往直前，百折不回，所谓丈夫气是也。节欲为控制欲望，不以心为形役。智为明慧，凡所举动，恰合事理，适中准绳。此希腊之说，至今西洋学者无以易之。

吾道旧有三达德之说，曰智仁勇。以视希腊四德之说，分析较为精审。盖人类心理作用有三大分，曰：知情意。而智仁勇三德則恰足以當之。且吾國所謂仁有遵循天理廓然大公之意。必仁而後能公，所謂「惟仁人能好人，能惡人」是也。而希臘之說竟以公平包仁，似有以偏概全，倒果爲因之嫌。總之，吾人認定智仁勇三達德而實力篤行之，則知情意三方皆臻於優美，而人格之全部無不盡善矣。

三達德之入手方法將若何？中庸曰：「好學近乎知，力行近乎仁，知恥近乎勇。知斯三者，則知所以修身。」其言入德之法，可謂簡易矣。蓋愚者自是而不求，自私者循人欲而忘返，懦者甘爲人下而不辭。故好學非知，然足以破愚。力行非仁，然足以忘私。知恥非勇，然足以起懦。由是勉強漸進，不患無成焉。人格之光輝偉大，即自此始。

第六章　風格——行爲之意趣

修養純熟，立身行世，有一貫的旨趣，而表現其特色者，稱爲風格。風格之類別，在西洋有二大派：一曰樂天派，一曰厭世派。樂天派信任人類社會可以日卽於光明之境，祇須有相當的耕耘，便可得相當的收穫。厭世派認定人性爲惡，無可挽回，或世運日非，無可救濟。墨子愛利天下，雖摩頂放踵爲之；或詰以世人皆不以愛利天下爲務，今子一人獨力爲之，究何益乎？墨子答以惟因爲之者少，故爲之更不可不力。是近似西洋之樂天派者。孔子適楚，楚狂接輿，歌而過孔子曰：鳳兮鳳兮！何德之衰！往者不可諫，來者猶可追；已而已而！今之從政者殆而！則又近似西洋之厭世派也。

吾國舊有所謂四聖之行。四聖者，聖之清，聖之任，聖之和，聖之時是也。前三者各極於一偏，雖不似後者之兼全於衆理，要亦純粹無雜，不勉不思而至焉者，故亦稱爲聖。孟子曰：

「伯夷，目不視惡色，耳不聽惡聲。非其君不事，非其民不使。治則進，亂則退。橫政之所出，橫民之所止，不忍居也。思與鄉人居，如以朝衣朝冠坐於塗炭。當紂之時，居北海之濱，以待天下之清也。故聞伯夷之風者，頑夫廉，懦夫有立志。

伊尹曰：何事非君，何使非民。治亦進，亂亦進。曰：天之生斯民也，使先知覺後知，使先覺覺後覺。予，天民之先覺者也，予將以此道覺此民也。思天下之民，匹夫匹婦有不被堯舜之澤者，若己推而納之溝中，其自任以天下之重也。

柳下惠不羞汚君，不辭小官。進不隱賢，必以其道。遺佚而不怨，阨窮而不憫。與鄉人處，由由然不忍去也。爾爲爾，我爲我，雖袒裼裸裎於我側，爾焉能浼我哉？故聞柳下之風者，鄙夫寬，薄夫敦。

孔子之去齊，接淅而行；去魯，曰：遲遲吾行也，去父母國之道也。可以速而速，可以久而久，可以處而處，可以仕而仕，孔子也。

孟子曰：伯夷，聖之清者也；伊尹，聖之任者也；柳下惠，聖之和者也；孔子，聖之時者也。

聖之清者，高蹈遠行，獨善其身，不欲以身之察察，受物之汶汶，巢父，許由，卞隨，務光，管寧，嚴光之屬皆是也。當廉恥道喪，舉世祇知有權位名利而不知人間有羞恥事之時，得勵清操者若干輩出而振之，亦大足以愧熱中之徒，滅奔競之風也。若而人者，類皆以避世之行爲救世之圖，其行可敬，其心可悼，其風格高於厭世者流遠甚矣！

「天下興亡，匹夫有責，」此誠至論名言，而爲吾人之所宜服膺者也。況政體共和，主權在民；社會一體，息息相關；使吾人而置國家之治亂，社會之安寧於不顧，則亦偸生之人而已，世間何貴有此人乎？使人人如是，則雖欲偸生，又安得乎？惟問世以前，須儲備充分之知能，出處之際，須絕除鑽營之意念；不然，則將遺空疏誤事之實，有讒諂闒闠之行也。

今世青年，喜言奮鬬。奮鬬者，與惡勢力抗爭之謂也。爲人間保正氣，爲世運求轉機，正吾人之所宜引以自任者也。然而奮鬬當出以救世之心，不當發爲憤世之行。不然，則蔑視一切而以爲己身以外無復可敬之人，結果必與世齟齬，心既痛苦，事亦僨敗。故當上師柳氏，而勵敦厚之風以濟之。

總之，淸，任，和，三種風格各有其宜。若夫兼備三者於一身，審其時宜以出之，則聖之時者之事也。前三者可各因其性之所近而勉至焉。聖之時則有守有權，有經有變，其道高，其行難。然而有志者亦不可自餒。熟審行藏之道，精計進退之理而勉期於無失，可也。

附錄練習問題

（一）論人——行爲之評判

1. 何謂動機說？何謂結果說？

2. 意外的結果應否負責？

3. 混計劃爲目的，有何不當？

4. 欲認識他人之內心意向，必如何方可正確？

（二）制裁——行爲之責任

1. 何謂宿定論？何謂意志自由論？

2. 吾人對於習慣的行爲，何故應負責任？

3. 理性與行爲之關係如何？

4. 有種行爲，非個人所能負其責任者，試例證之。

（三）至善——行爲之標準

1. 利己說與利他說之根據，各安在？

2. 何謂開明的利己說？

3. 功利主義以快樂爲行爲之標的，試論其得失。

4. 試比論功利主義與發展說。

5. 國家的活動與個人的自由有如何關係？

（四）明善——行爲之辨識

1. 直覺論之困難點安在？

2.超絕論之持說如何？

3.何謂經驗論？其得失如何？

(五)德行——行爲之結果

1.何謂德行？

2.德行與責任之區別如何？

3.人之爲善，有由於畏神，畏人，畏刑者，試各證之。

4.試略論道德之分類。

(六)風格——行爲之意趣

1.樂天派與厭世派持論之根據各若何？

2.聖之淸者其立意如何？

3. 聖之任者與知進而不知退者，其別安在？
4. 聖之和者與同流合汚者，其別安在？
5. 試審於淸，任，和，時，四聖之中，自性最近者爲何？